Faire une cheminée

Henry H. Saylor

Writat

Cette édition parue en 2023

ISBN : 9789359255804

Publié par
Writat
email : info@writat.com

Contenu

INTRODUCTION

Dans un livre de ce genre, il n'est pas particulièrement nécessaire de s'étendre longuement sur l'opportunité d'avoir une cheminée. Cela sera pris pour acquis. Il suffit de dire qu'à notre époque, une maison ne peut guère être considérée comme digne de ce nom si elle ne comporte pas au moins un foyer. Il y a une qualité inexplicable dans un feu de bois qui exerce une influence presque hypnotique sur ceux qui s'y rassemblent avec impatience. La lueur couvante des bûches induit une ambiance calme et introspective qui bannit toutes les trivialités et distractions du travail quotidien et donne l'occasion de reconstituer sa réserve d'énergie pour la journée à venir.

Le feu ouvert, contrairement à la plupart des conforts que nous exigeons dans une maison moderne, a été associé à la course presque aussi loin que la maison elle-même. Au début, bien sûr, c'était une nécessité et le développement de cela vers un luxe a été extrêmement lent et s'est étendu au fil des années jusqu'à nos jours.

Il existe deux formes de feu ouvert — une troisième possible, la bûche à gaz, étant un sujet sur lequel moins on en dit, mieux c'est. Nous avons donc le choix entre la cheminée ouverte conçue pour le bois et la grille à panier dans laquelle brûler du charbon, de préférence du charbon en cannelle. Ce dernier combustible est loin d'être aussi connu dans ce pays qu'en Angleterre, où la rareté du bois fait nécessairement du charbon le combustible le plus couramment utilisé. Cependant, avec notre propre abondance de bois, nous n'hésiterons peut-être pas à choisir le foyer ouvert plutôt que la grille à charbon, même si dans certains cas, par exemple dans un appartement où le conduit de fumée a été construit trop petit, ou dans une maison là où une cheminée disponible n'offre qu'une petite surface de conduit pour l'utilisation du foyer, la grille à panier s'avérera une solution bienvenue au problème. Bien sûr, il n'y a aucune excuse pour construire une maison moderne avec une cheminée trop petite pour le type de foyer que vous souhaitez, mais lorsque la cheminée a déjà été construite sans cette disposition, il se peut qu'un petit conduit de fumée en terre cuite soit nécessaire. inséré dans le conduit le plus grand sans endommager sérieusement le pouvoir de tirage de ce dernier. Dans ce cas, l'ajout d'une cheminée à grille en panier dans une maison ancienne serait une possibilité intéressante.

Même si nous apprécions pleinement l'opportunité d'une sorte de foyer, il semble y avoir une impression assez répandue selon laquelle la réalisation est en grande partie une question de hasard. Trop de constructeurs d'habitations ont demandé à leurs architectes de fournir une ou deux cheminées dans l'espoir que l'affaire soit alors pratiquement close - ce n'est qu'une question de temps avant qu'ils puissent s'asseoir devant la lueur joyeuse du feu. Trop souvent, le résultat a été décevant lorsque les premiers essais ont introduit dans la pièce plus de fumée que de chaleur ou de joie. La raison en est qu'il existe une base scientifique pour la construction de cheminées qui est souvent complètement ignorée par un maçon trop sûr de lui et stupide. Lorsque les travaux de construction de la maison ont été confiés aux mains d'un architecte, celui-ci apprécie généralement le fait que la construction des cheminées est susceptible, plus que toute autre partie de la maison, d'être prise en charge par le maçon lui-même, s'il ne l'est pas. observé, résultats désastreux. Il ne fait aucun doute que chaque maçon serait très mécontent de toute insinuation quant à son manque de connaissances en matière de construction de cheminées. Chaque maçon pense non seulement qu'il sait comment construire un foyer, mais il est presque aussi général qu'il estime que sa méthode particulière est la seule correcte.

Une des meilleures formes de grille à panier en laiton. Les côtés évasés diffusent plus de chaleur

Un coin feu anglais moderne. Le parement et le foyer ont été travaillés dans un contraste de carrelage assez saisissant

Compte tenu de cela, il pourrait être bon pour quiconque construisant sa propre maison de prêter une certaine attention à la question de ses cheminées, d'insister pour savoir comment elles sont conçues et de suivre leur construction tout au long afin qu'il n'y ait aucune chance de commettre une erreur ; et cette chance n'est pas aussi mince qu'on pourrait le supposer. Dans une maison dans laquelle l'auteur avait soigneusement montré tous les détails de construction dans les dessins, on a constaté, alors que le bâtiment était presque terminé, que les conduits à gorge en fonte, qui d'ordinaire empêchent toute erreur de construction possible de la part du maçon, avaient été mis en place à l'envers et il a fallu démolir toute la face du manteau de cheminée dans chaque cas pour les remplacer correctement.

La question de la construction n'est pas du tout une affaire compliquée, comme le prochain chapitre s'efforcera de le montrer.

CONSTRUCTION

LA PRINCIPALE difficulté pour réussir la conception d'un foyer ne réside pas dans l'obtention d'un tirage abondant. En fait , il est facile de faire tirer un foyer si le conduit de fumée est suffisamment grand et si l'ouverture de la chambre de combustion vers le conduit de fumée n'est pas obstruée. Il ne sera jamais question d'obtenir un brasier rugissant dès l'allumage du feu.

C'est, en quelque sorte, le type de foyer que nos ancêtres coloniaux ont construit : de grandes ouvertures caverneuses et des conduits de fumée généreux, avec pour résultat que plus on entasse de bois sur le brasier, plus ils se brûlent les orteils et en même temps se refroidissent le dos. . Car il est évident que lorsque nous assurons un courant d'air chaud aussi fort et sans obstacle dans la cheminée, suffisamment d'air frais pour prendre sa place doit être aspiré dans la pièce par chaque ouverture et crevasse. Le résultat est un courant d'air puissant qui dépasse ceux qui ont le malheur d'être assis autour du feu et transporte rapidement vers la cheminée presque toute la chaleur de combustion.

Dans la cheminée de nos ancêtres coloniaux , probablement à quatre-vingt-dix pour cent. de la chaleur était entièrement perdue et transportée par la cheminée. Cependant, on disposait alors de bois de corde pour la coupe.

Nous voulons un type de feu différent de nos jours, un feu qui brûle avec une flamme ou une lueur constante et constante, conservant la majeure partie de sa chaleur, que l'arrière et les côtés de la chambre de combustion refléteront dans la pièce.

Une telle cheminée ne sera pas nécessairement de grande taille. Il est amusant d'entendre à quel point la demande de grands foyers augmente universellement – « de très gros gars qui brûlent du bois entièrement en corde ». Il est difficile de comprendre pourquoi. Cela peut être basé sur l'hypothèse que si un petit foyer est souhaitable, un grand l'est davantage. C'est une erreur que l'architecte et le constructeur de cheminées ont du mal à dissiper. Il n'y a aucune objection à une grande cheminée dans un camp d'été ou une cabane informelle de ce genre. En fait, une petite salle dans un tel endroit serait ridicule, mais quand nous arrivons à notre salon, à notre salle à manger ou à notre salon ouvert toute l'année, où les murs de la pièce sont étanches et où l'atmosphère est plus calme et plus sobre, un une grande cheminée serait clairement un élément dérangeant. Une pièce comme celle-ci, à moins d'être très mal construite, ne permettrait pas l'entrée d'air suffisant pour le tirage d'un grand foyer, alors que dans notre cabane en dalles ou notre bungalow en rondins, les conditions sont tout à fait différentes.

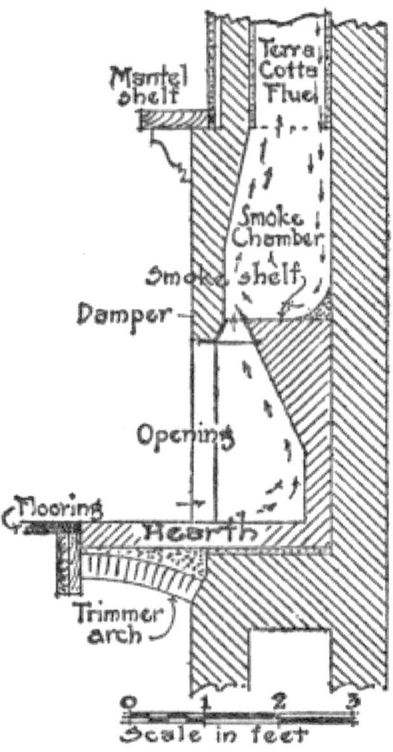

Une coupe à travers le foyer et la cheminée. Les larges hachures
représentent la maçonnerie

Par conséquent, pour une pièce ordinaire, une taille moyenne raisonnable
pour l'ouverture du foyer est de trois pieds de largeur sur deux pieds et demi
de hauteur, avec une profondeur moitié moins grande. D'une telle cheminée,
il est possible d'obtenir un maximum de chaleur avec un minimum de tirage.

Deux principes essentiels doivent être respectés lors de la conception de
tout foyer. L'un d'eux est la relation entre la taille de l'ouverture dans la pièce
et la taille du conduit de fumée lui-même. La section transversale du conduit
de fumée, qui doit d'ailleurs rester la même sur toute son étendue, doit
correspondre au dixième de la surface de l'ouverture dans la pièce. La
deuxième considération essentielle est l'introduction de ce que l'on appelle
une « étagère à fumée » et une « chambre à fumée ». La raison pour laquelle
un foyer est construit avec ces deux caractéristiques apparaîtra plus
facilement en se référant au diagramme. Ceci montre que lorsqu'un feu est
allumé dans le foyer, le courant d'air chaud, qui est généré immédiatement,
commence à monter à travers la gorge (l'ouverture entre la chambre de feu
et la chambre de fumée) et induit immédiatement un courant d'air

descendant. d'air froid. Si l'arrière du foyer se trouvait sur le même plan continu que l'arrière du conduit de cheminée, ce courant d'air froid descendant frapperait directement le feu lui-même et forcerait la fumée à s'échapper dans la pièce. L'étagère à fumée est construite là où elle empêchera cette action. Le diagramme en coupe ne rend peut-être pas très clairement la forme de cette chambre de fumée, mais le croquis en perspective qui l'accompagne indiquera le fait que la gorge et la chambre de fumée au fond doivent s'étendre sur toute la largeur de la chambre de combustion. Cette largeur dans la chambre de fumée diminue immédiatement en s'élevant jusqu'à rejoindre le conduit de fumée au niveau de la zone propre du conduit de fumée.

Le schéma en coupe indique un amortisseur en fonte intégré dans la gorge. Ceci n'est pas nécessaire, car cela ne contribue en rien à l'efficacité du feu lui-même. Son grand avantage est qu'en fournissant au maçon une forme inaltérable, il l'oblige à construire la gorge correctement plutôt que d'une des manières erronées que son propre jugement pourrait lui dicter. Un tel amortisseur en fonte forme également un support pour l'arc plat en brique au-dessus de l'ouverture si des briques sont utilisées. Si le registre n'est pas intégré, il est nécessaire d'utiliser une barre de support en fer pour supporter cet arceau plat. De plus, si le registre n'est pas utilisé, on perd l'avantage de pouvoir fermer complètement le col, ce qui est très souhaitable en été et souvent en hiver lorsque le foyer agit trop fortement comme ventilateur. Par conséquent, si la gorge en fonte n'est pas utilisée, il sera bon de poser une plaque de fer sur l'étagère à fumée de manière à pouvoir la tirer vers l'avant à travers l'ouverture pour la fermer.

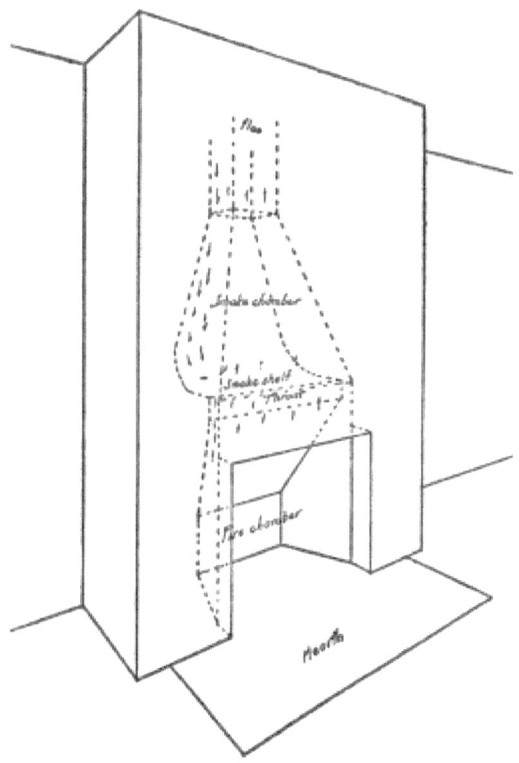

Vue en perspective du foyer montrant la forme des différentes pièces
construites sans registre à gorge en fonte

Il existe d'autres types d'amortisseurs, la plupart brevetés et tous visant à
fournir d'une manière ou d'une autre une ouverture réglable dans la gorge.
Un ou deux d'entre eux ont un bouton ou une poignée dépassant à travers la
maçonnerie de l'arc, permettant le réglage pratique du registre depuis
l'extérieur. Toutefois, en règle générale, il est préférable de choisir le dispositif
le plus simple possible qui garantira le résultat souhaité.

Le revêtement de cheminée en terre cuite illustré dans le schéma en coupe
n'est bien sûr pas absolument nécessaire, car il s'agit d'une introduction plutôt
moderne et d'innombrables cheminées ont rempli leur fonction sans lui. Il
n'y a cependant aucun doute quant à sa valeur, car il fournit un conduit aux
côtés lisses et réguliers qui ne s'obstruera pas aussi facilement qu'un conduit
en brique ordinaire. De plus, il présente l'avantage de permettre une paroi de
cheminée plus fine. Il est dangereux de construire une cheminée avec une
seule épaisseur de brique de quatre pouces entre le conduit de fumée et tout
ce qui peut être adjacent à la cheminée. Bien sûr , aucun bois ne doit en aucun

cas s'approcher à moins d'un pouce ou deux de la maçonnerie , mais avec une seule épaisseur de brique, sans revêtement, il y a toujours le risque que le mortier s'effrite d'un joint et laisse une ouverture à travers laquelle il serait facile que des étincelles ou des flammes causent des dégâts considérables. L'introduction d'un conduit de fumée dans la cheminée ainsi construite la rend cependant entièrement sûre, à condition que les joints entre les sections de conduit de fumée soient soigneusement remplis et rendus lisses avec du mortier de ciment.

Le diagramme en coupe, on le remarquera, indique une différence entre la paroi arrière principale de la cheminée, d'une épaisseur de huit pouces, et la maçonnerie posée à l'intérieur de la chambre de combustion pour former le foyer et l'arrière. La raison de cette séparation est que la maçonnerie brute de la cheminée est toujours posée en premier aussi simplement que possible, laissant la chambre de combustion avec son dos et ses côtés inclinés et le foyer étant remplis plus tard avec une meilleure qualité de brique ou peut-être un autre type. . Souvent aussi, les carreaux seront combinés avec la finition en brique comme foyer ou parement.

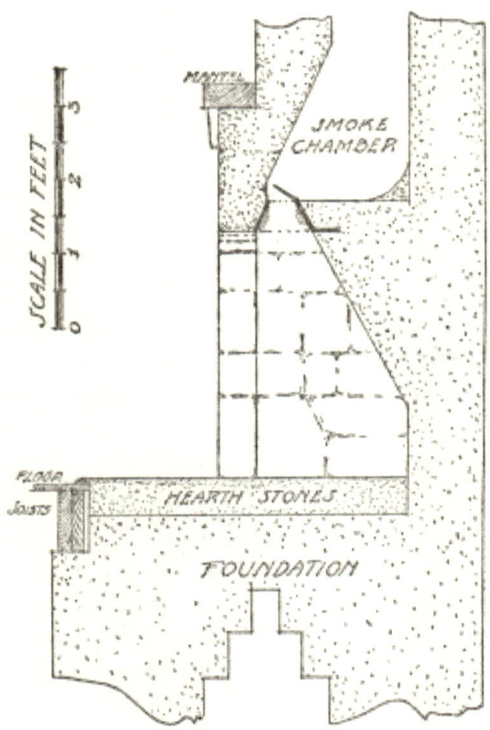

Une coupe transversale montrant la construction d'une grande cheminée en pierre avec une ouverture légèrement cintrée

Un support pour le foyer est généralement obtenu comme indiqué, en plaçant ce qu'on appelle un arc de type « row-lock » ou « trimmer » entre la maçonnerie de fondation de la cheminée et une paire de solives de plancher disposées à la distance appropriée, en fonction de la largeur souhaitée du foyer. Bien que ce soit la méthode habituelle, il arrive parfois qu'un support soit fixé d'une autre manière, par exemple en encorbellant les fondations en maçonnerie, ou en prolongeant deux courtes saillies de cette maçonnerie de bas en haut à chaque extrémité du foyer et en jetant un arc à travers. entre ceux-ci. Sur un lit de ciment, les briques du foyer elles-mêmes sont posées, généralement au ras du sol, bien que parfois suffisamment hautes pour permettre à une bande de moulure biseautée de recouvrir plus étroitement le joint entre la brique et le sol. Dans certains cas , le foyer lui-même est surélevé de toute l'épaisseur d'une brique au-dessus du sol, comme dans l'une des illustrations photographiques présentées.

La largeur du foyer est généralement d'environ seize ou dix-huit pouces au-delà de la face de l'ouverture pour les foyers de taille moyenne, et de vingt pouces ou même plus pour les foyers plus grands. Cette largeur doit bien entendu être augmentée si l'ouverture est considérablement plus grande. La question des matériaux pour le foyer et le parement sera abordée dans le prochain chapitre.

La cheminée elle-même doit s'étendre au moins un pied ou deux au-dessus de tout faîte de toit à proximité et elle doit fonctionner sans capot, tourbillon ou autre dispositif de ce type sur le dessus. Il n'y a pas de grande objection à ce que l'ouverture soit horizontale au sommet de la cheminée, bien que dans ce cas, si le conduit est presque droit sur tout son parcours, un peu de pluie descendra jusqu'au foyer lors d'une violente tempête. Dans la plupart des cas, il y a suffisamment de courbure dans le conduit pour éviter cela, et sinon, cela peut être évité en recouvrant le haut de la cheminée avec une pierre et en plaçant les ouvertures verticales sur les quatre côtés juste en dessous.

Toute la maçonnerie de la cheminée et du foyer doit être posée dans un mortier de ciment de première qualité composé d'une partie de ciment Portland et de trois parties de sable propre et tranchant. Bien que le mortier de chaux ait été utilisé jusqu'à ces dernières années dans toutes les maçonneries, il n'est pas durable, en particulier à proximité de la chaleur.

FORMES IMPARENTES DIVERSES

IL EXISTE de nombreuses formes inhabituelles de cheminée qui ne nous intéressent pas particulièrement. Par exemple, on aperçoit occasionnellement une ouverture en forme de cœur inversé ou d'as de pique. Il est possible de faire fonctionner un foyer de ce genre de manière satisfaisante, mais il n'est nullement certain que ce résultat puisse être obtenu du premier essai ni que le feu continuera à fonctionner correctement dans toutes les conditions. Il est plus sûr de toujours s'en tenir au type établi d'ouverture rectangulaire, ou de s'en écarter uniquement en ayant au sommet un arc de grand rayon. Chaque fois que le sommet peut s'écarter plus que légèrement de l'horizontale, il existe un risque que la fumée s'échappe dans la pièce située au sommet.

Le cantou échoue rarement en tant que distributeur de joie à la maison.
Souvent les sièges sont placés trop près du feu

Il existe un autre type qui mérite une mention spéciale : il s'agit de la double cheminée, où deux ouvertures dans des pièces adjacentes sont desservies par un seul conduit entre elles. La seule manière dont cela affecte les deux principes vitaux mentionnés ci-dessus est que la section transversale du conduit de fumée doit être égale au dixième de la surface combinée des ouvertures. La gorge sera dans ce cas au milieu de la cheminée avec l'étagère à fumée de chaque côté. Il est essentiel dans une cheminée de ce genre qu'il n'y ait aucun courant d'air gênant tendant à passer par l'ouverture d'une pièce à l'autre.

Un autre type encore, encore plus rare, est le feu ouvert au milieu d'une pièce, comme on peut en souhaiter occasionnellement dans le salon d'un grand club. Une telle anomalie apparente pourrait être corrigée en suspendant un conduit de fumée et une hotte métalliques au toit, de sorte que le bord inférieur de la forme pyramidale tronquée au bas forme le côté supérieur de l'« ouverture » du foyer à une hauteur convenable au-dessus du foyer du foyer. brique, pierre, carrelage ou béton. Il est concevable qu'une cheminée efficace et tout à fait pratique puisse être ainsi conçue, avec un conduit et une hotte en fer forgé ou en cuivre, suspendus et maintenus par des chaînes ou des barres au plafond et aux murs environnants. Dans une telle forme, le même principe d'un rapport fixe entre l'ouverture (ici le périmètre entier de la hotte multiplié par la distance au-dessus du foyer) et la section transversale du conduit de fumée devrait être respecté, et ici aussi il serait bon de prévoir le plus complètement possible contre la présence de courants d'air gênants.

PAREMENTS ET MANTELS

IL N'EXISTE pas un choix particulièrement large de matériaux disponibles pour la finition du foyer et de la cheminée. La pierre, la brique, le ciment et la tuile épuisent les possibilités, même si, en les combinant, nous avons toute la variété que nous pouvons souhaiter.

La pierre ne convient que dans certains environnements, principalement la cabane informelle ou la cabane en rondins, même s'il est bien sûr impossible d'établir une règle absolue en la matière.

La brique n'est presque jamais déplacée. C'est peut-être l'association avec les foyers qui ont été construits par nos pères et grands-pères, ou peut-être est-ce la valeur inhérente et la qualité du matériau lui-même qui le mettent en avant comme premier choix. Sans aucun doute, la considération pratique selon laquelle il est plus facile et plus économique de construire a quelque chose à voir avec le problème.

Le béton est un nouveau venu dans le domaine des revêtements de cheminée et on ne peut pas encore dire qu'il ait montré une raison particulière pour supplanter les autres matériaux. Avec la chaleur ordinaire dégagée par un feu de bois ouvert, il n'y a aucune probabilité de fissuration du revêtement en béton si le matériau a été correctement mélangé et appliqué, même s'il semble y avoir une vague impression que cela pourrait constituer un danger réel. La couleur du béton ne lui donne aucune recommandation particulière, car elle reste inchangée par le feu, mais non inaltérée par la fumée. La brique, en revanche, et la tuile, sont associées le plus étroitement possible au feu en cours de fabrication, ce qui leur confère une aptitude particulière à cet usage.

La pierre de Caen ou sa représentation astucieuse en ciment convient bien
aux types plus formels de cheminées et de parements.

Le carrelage, le dernier des quatre matériaux, donne plus de latitude dans
la conception que n'importe lequel des autres, parfois trop de latitude nous
semble-t-il. S'il est utilisé de manière judicieuse, rien ne pourrait être plus
approprié et plus attrayant, mais le carrelage a été utilisé avec tant de
négligence que nous avons le sentiment que la cheminée carrelée est destinée
au spectacle plutôt qu'à l'usage. En tout cas, l'inaptitude des tuiles vernissées
qui ont fait des milliers d'ouvertures de pseudo cheminées ne fait aucun
doute. Seuls les carrelages mats ou non émaillés ont le droit d'être utilisés
dans un tel endroit.

Puisque ce petit volume a pour sujet la cheminée plutôt que la cheminée,
il n'est pas nécessaire de dire grand chose de cette dernière forme extérieure,
bien qu'il ne fasse aucun doute qu'un livre entier sur le sujet pourrait être écrit
avec profit. Pour aborder le sujet aussi légèrement que l'espace le permet,
nous ne pouvons probablement pas faire mieux que de suggérer le type de
manteau de cheminée le plus évident pour un ou deux des styles
architecturaux les plus courants et de recommander que, dans les autres
styles, l'architecte ait suffisamment de latitude dans conception et dépenses
pour distinguer cet élément important du hall, du salon, de la salle à manger

ou de la bibliothèque avec les caractéristiques du style qu'il a élaboré pour la maison elle-même.

La maison moderne selon les lignes coloniales est peut-être le problème le plus courant, et incidemment le plus simple, car les anciens modèles de manteaux de cheminée en bois peints en blanc, délicatement détaillés, sont si bien connus et si universellement admirés que des reproductions modernes selon de bonnes lignes et à un coût raisonnable sont faciles à obtenir.

maison anglaise en plâtre ou à colombages, l'architecte concevra sans aucun doute un manteau de cheminée spécial, à l'échelle et en harmonie avec les lambris sombres et autres boiseries architecturales, probablement avec un surmanteau à panneaux si le coût n'est pas trop rigoureusement maîtrisé.

Dans une maison qui rompt avec les styles architecturaux historiques, comme le font tant de bâtiments en stuc de l'époque, le traitement du manteau de cheminée offre des possibilités particulièrement intéressantes. Souvent, le manteau est entièrement supprimé et le manteau de cheminée est traité indépendamment dans son ensemble.

Dans le type très informel de maison d'été où l'on utilise une pierre brute pour le parement et la cheminée, le traitement du manteau peut difficilement rester trop simple et discret dans sa résistance robuste. Une lourde bûche, rabotée pour obtenir une surface supérieure lisse et reposant sur deux supports de pierre en saillie, est fréquemment utilisée avec un bon effet. Le manteau de cheminée peut être reculé à la hauteur de l'étagère pour former un rebord en pierre étroit, ou le manteau peut être laissé sans étagère. De nombreuses variantes simples du manteau de cheminée en brique informel viendront à l'esprit de tout le monde. En général, dans ces cabanes d'été ou bungalows, la cheminée constitue l'élément architectural principal du salon et méritera donc un embellissement modéré, mais celui-ci devra se traduire par une finition un peu meilleure des matériaux utilisés. dans toute la salle plutôt que d'en introduire d'autres plus élaborés et plus coûteux.

Un foyer et un manteau de cheminée en pierre des champs, choisis avec
soin et posés avec un savoir-faire plus que moyen.

RÉPARER LES MAUVAIS CHEMINÉES

IL SUFFIT de dire comment un foyer doit être construit pour qu'il fonctionne de manière satisfaisante, mais cela n'aide pas beaucoup l'homme qui a un foyer qui ne fonctionne pas. Il est souvent possible, sans dépenses ni problèmes très importants, de réparer un foyer mal construit. Si l'on a à l'esprit une compréhension claire des quelques principes élémentaires de construction d'un foyer, il sera généralement facile de déterminer la raison pour laquelle un foyer fume ou ne tire pas.

La section transversale du conduit de fumée constitue probablement la difficulté la plus courante. Habituellement, cela n'est pas visible de l'intérieur du foyer, en raison de la gorge étroite et de la chambre de fumée qui, d'une manière ou d'une autre, peut se trouver au-dessus de l'étagère. Si donc les éléments essentiels apparents - tels que la forme de l'ouverture, le col étroit sur toute la largeur et de préférence l'inclinaison du dos - ont été suivis, il serait bon de déterminer la superficie du conduit lui-même. Pour ce faire, il faudra atteindre le sommet de la cheminée et, en abaissant un poids sur une ligne, trouver quel conduit mène au foyer en question. Sa surface au sommet sera selon toute probabilité sa surface partout. Si le conduit de fumée est le seul dans cette cheminée particulière, il peut parfois être déterminé plus facilement en comptant les briques dans ses deux directions horizontales et en estimant ainsi quel serait probablement le conduit de fumée intérieur. Cette conclusion n'est cependant en aucun cas sûre, puisque la cheminée peut être construite avec des murs de huit pouces ou simplement un mur de quatre pouces avec le revêtement du conduit de fumée. Cependant, pour celui qui a des connaissances en maçonnerie, la manière dont la cheminée est disposée indiquera généralement la taille du conduit de fumée.

Après avoir déterminé la taille de l'ouverture du foyer et la section transversale du conduit de fumée lui-même, on constatera dans de nombreux cas que cette dernière est trop petite pour la première. Le moyen le plus simple de remédier à cette difficulté serait naturellement de diminuer la taille de l'ouverture face au foyer. Cependant, afin de vérifier le diagnostic, il serait bon d'installer une paire de planches minces à coincer assez étroitement dans l'ouverture du haut, l'une d'entre elles pouvant être tirée vers le bas au-delà de l'autre afin que l'ouverture du foyer puisse être réduit de six à douze pouces de hauteur, en utilisant deux planches de six pouces. En testant le foyer en action de cette manière, il sera facile de déterminer de combien l'ouverture doit être réduite. Les planches étant ensuite retirées, un rideau en fer forgé ou une hotte décorative en saillie en fer forgé ou en cuivre peut être installé de manière permanente sur la façade.

Il est cependant possible que l'ouverture du foyer et la zone du conduit de fumée soient correctement liées, auquel cas il se peut que le problème soit dû à l'absence d'une gorge étroite et d'une étagère à fumée. Cela pourrait également être construit dans le foyer sans rien déranger à l'extérieur, comme le manteau ou le manteau de cheminée, à moins que le foyer ne soit pas assez grand pour permettre l'ajout de quatre pouces de brique à l'arrière. Si ce n'est pas le cas, il sera bon d'examiner attentivement l'épaisseur du mur à l'arrière du foyer et si cela est suffisant, une partie pourrait être enlevée à l'endroit où la pente du dos rejoint le mur vertical, soit environ un pied. au-dessus de la surface du foyer et le dos en pente intégré à partir de là pour former la gorge. Ou bien, pour être parfaitement sûr du résultat, le manteau lui-même pourrait être retiré - celui-ci est généralement simplement cloué au plâtre - et une partie suffisante du manteau de cheminée démontée pour permettre l'introduction d'un registre de gorge en fonte.

ACCESSOIRES DE FOYER

TOUT COMME le succès d'un dîner de dinde dépend en grande partie des « fixins », la cheminée est en elle-même incomplète sans ses chenets et ses outils. Pour commencer par les accessoires les plus indispensables, nous devons nommer les chenets – ou, si le combustible doit être du charbon, alors la grille du panier. Je me suis parfois demandé pourquoi les philosophes n'avaient pas trouvé dans le chenet un sujet particulièrement approprié pour une rumination agréable. Il y a si peu de choses qui combinent à ce point les qualités purement utilitaires et les qualités éminemment décoratives. La plupart des choses qui combinent les deux dans une mesure réelle ont été développées du côté de l'un au détriment de l'autre qualité. Prenez le manteau pour homme, par exemple, dont le devant découpé, avec les deux boutons à l'arrière, a été conçu pour permettre au gentleman de boucler les jupes jusqu'à sa taille lorsqu'il montait à cheval. Ou encore, prenons l'appareil d'éclairage moderne avec sa petite casserole qui attend toujours de récupérer l'écoulement du suif sous la flamme, qui a depuis longtemps été déplacée par une pointe de gaz ou un filament incandescent. Combien peu de choses, après tout, ont été conçues il y a bien longtemps – probablement au cours d'une longue évolution – pour répondre au mieux à un besoin réel et qui répondent encore aujourd'hui à ce besoin et allient la vraie beauté à leur utilité. Nous pensons au fer forgé d'un cheval, peut-être à l'ancre d'un navire, à un arc à corde ou à une hache.

Un certain support est nécessaire pour élever le carburant afin que l'air puisse trouver un passage dégagé en dessous et à travers lui jusqu'aux flammes, et rien ne pourrait être conçu pour mieux remplir cet objectif que la paire de barres horizontales forgées, chacune avec son unique pied arrière. et son front de stabilisation, dont le prolongement supérieur sert à maintenir en place les bûches en feu.

Il est peu probable que l'on se trompe en choisissant des chenets pour un type de foyer donné. Les motifs en laiton simplement tournés appartiennent si évidemment à l' ouverture coloniale en brique entourée de boiseries blanches ; les types en fer forgé les plus bruts sont si évidemment à l'aise dans la cheminée artisanale ou dans l'ouverture grossière de la pierre, que des inadaptations sont difficilement possibles.

Heureusement, les vieux chenets en laiton de l'époque coloniale se sont révélés aptes à survivre, et beaucoup d'entre eux se trouvent encore dans de vieux greniers en toile d'araignée ou dans la boutique plus accessible du marchand d'antiquités. L'un d'eux m'a confié sa façon de distinguer les chenets vraiment anciens des reproductions vieillies artificiellement : les anciens ont le laiton tourné du montant avant maintenu par une barre en fer

forgé qui se fixe à l'élément horizontal par un pas de vis sur le bar lui-même ;
sur les exemples modernes, cette barre verticale est percée d'un trou fileté
dans lequel une vis courte ordinaire s'engage à travers un trou dans l'élément
horizontal.

colonial fiable , avec son simple revêtement en brique encadré par le
manteau en bois blanc délicatement détaillé.

Après les chenets, viennent ensuite les outils, les trois plus essentiels étant
le tisonnier, les pinces et la pelle. Il n'est pas besoin de dire que ceux-ci
doivent s'harmoniser avec les chenets et être de préférence en laiton s'ils sont
en laiton ; fer forgé si les chenets sont en fer forgé. Il existe deux manières
d'en prendre soin : la méthode ordinaire consistant à utiliser un support qui,
si les outils sont achetés ensemble, sera probablement fourni avec eux ; ou
dans certains types de foyers où tout le manteau de cheminée est en brique,
en béton ou en pierre, parfois une combinaison de trois crochets ou plus est
forgée dans le même métal que les outils et fixée solidement dans le manteau
de cheminée sur le côté de l'ouverture. .

Une brosse pour le foyer, bien que peu fréquente, est extrêmement utile
pour balayer les cendres et les petites braises. Ensuite, il y a le soufflet
séculaire, qui n'est plus qu'un ornement, car avec une cheminée
scientifiquement construite, il ne devrait jamais être nécessaire de le mettre
en action.

Un écran, quel qu'il soit, est plus près d'être classé parmi les nécessités que
parmi les accessoires purement décoratifs, car il n'est guère prudent de laisser
un feu ou même des braises fumantes sans une certaine protection contre les
dommages si rapidement causés par des étincelles. Le type habituel d'écran
est celui en fil tissé sous plusieurs formes. Le type le plus pratique est

probablement celui composé d'un certain nombre de sections plates qui se replient les unes sur les autres pour former une masse compacte qui ne gênera pas lorsqu'elle n'est pas utilisée. Ces dernières années, cependant, il existe un autre type d'écran qui est de plus en plus considéré avec une très grande faveur : il s'agit de l'écran composé de verre en combinaison avec d'autres matériaux. Il y a le simple paravent français composé de carreaux de verre dans un cadre doré, et il existe de merveilleuses possibilités pour l'emploi du savoir-faire de l'artisan en combinant avec du verre uni ou légèrement teinté davantage d'éléments décoratifs sous la forme de vitraux et de meneaux ou dans la combinaison de verre et métaux.

La conception d'un pare-feu dépend bien entendu de l'usage auquel il est destiné. S'il souhaite sécuriser un écran qui coupera la chaleur mais pas la lumière du feu, l'artisan travaillera avec de plus grandes surfaces de verre transparent. D'un autre côté, il peut paraître souhaitable de réaliser un écran presque opaque pour couper à la fois la lumière et la chaleur. Bien entendu, il s'agit généralement de petits rectangles posés sur une sorte de socle et ne sont pas destinés à remplacer les pare-étincelles.

Un réceptacle à bois d'une certaine forme est un accessoire pratique, car on évitera la tâche de transporter le combustible depuis la cave ou depuis le tas de bois chaque fois qu'un feu est souhaité. Il existe un vaste choix parmi lequel choisir : des boîtes reliées en laiton de différentes tailles et formes, des paniers robustes et des paniers en bois et en métal conçus pour contenir les bûches elles-mêmes. Il y a ceux qui préfèrent ne pas encombrer les abords de la cheminée avec ces récipients plutôt encombrants, mais qui trouvent pratique d'avoir à proximité un caisson intégré sous la forme d'un siège de fenêtre ou peut-être comme élément d'une bibliothèque intégrée. . Deux ou trois maisons que j'ai connues avaient un monte-plats très simple qui partait de la cave jusqu'à un rebord de fenêtre. Celui-ci pouvait être chargé de carburant, hissé en position et verrouillé là jusqu'à ce que le carburant soit nécessaire.

Il y a deux autres accessoires de cheminée qu'il ne faut pas négliger, ce sont la grue et le dessous de plat. La grue est un élément très pittoresque dans une cheminée suffisamment grande pour la contenir confortablement, mais il semble regrettable que dans un grand nombre de cheminées, la grue soit entraînée dans l'idée d'en faire un élément décoratif mais sans aucune attente de mise en place. à une utilisation pratique. Il y a des foyers – dans un camp d'été, par exemple – où une grue pourrait être utilisée à bon escient. Utilisé ailleurs, il s'agit trop souvent d'une simple affectation.

Le dessous de plat n'est pas aussi connu que la grue et pourtant il pourrait être utilisé beaucoup plus fréquemment dans une cheminée moderne. En Angleterre, on le trouve sous diverses formes ingénieuses, dont la plupart présentent cependant une forme de tabouret bas placé sur le foyer, aussi près que possible du feu, pour garder au chaud une bouilloire ou peut-être même une assiette de griller. Il existe des dessous de plat en laiton antiques plutôt intéressants que l'on trouve dans la plupart des grands magasins d'antiquités.

CONSTRUIRE LE FEU

JE NE doute pas que la majorité des lecteurs qui ont patiemment parcouru jusqu'ici ce petit livre auront envie de le clore avec un soupir d'impatience à la vue du chapitre ci-dessus. « Qui ne sait pas comment allumer un feu de bois ? Autant demander des instructions sur la méthode la plus approuvée pour allumer une allumette ! » Mais si vous me supportez un instant, je dirais avec insistance qu'en fait, très peu de gens savent vraiment comment allumer un feu. Il est assez facile d'assembler un tas de journaux, de brindilles, de bois d'allumage et de bûches pour pouvoir *allumer* un feu, mais peut-être avez-vous remarqué que même si de nombreux incendies sont allumés, rares sont ceux qui s'éteignent. Si vous recherchez le plus grand confort et le plus grand plaisir de votre feu de bois, vous ne l'obtiendrez qu'en vous asseyant aux pieds du plus grand de tous les professeurs, de l'expérience, ou peut-être plus rapidement en expérimentant un ou deux des simples Les expédients que je vais essayer de montrer sont basés sur le fonctionnement du feu de bois. Même s'il y a ceux qui ne renonceraient jamais au plaisir de bricoler avec des pinces et un tisonnier pendant que le feu brûle, cela n'enlèverait peut-être rien à ce plaisir si le bricolage n'est pas en réalité le résultat de la nécessité de maintenir les bûches en feu. La réparation du feu n'est une récréation délicieuse que lorsqu'elle ne nous est pas imposée en devenant une alternative au découragement des braises incandescentes et à l'abandon du combat.

Il existe une splendide opportunité pour un savoir-faire artisanal de haut niveau dans la fabrication du capot en cuivre pour un exemple de ce type.

Tout d'abord, il faut disposer d'un carburant vraiment sec. Il n'est pas indispensable que le tas de bois soit conservé à l'intérieur, mais il doit au moins y avoir un abri au-dessus et sur trois côtés. Les bûchers des fermes de la Nouvelle-Angleterre offrent une solution pratique et efficace au problème. Habituellement, vous les trouverez comme une extension de la maison, un hangar ouvert uniquement au sud, dans lequel le bois de corde est soigneusement empilé jusqu'au toit avec les extrémités sciées à l'avant. Deux longues bûches sont posées au sol ou au sol, perpendiculairement au bois de chauffage, de manière à favoriser une circulation d'air pour le séchage.

En plus des bûches plus lourdes qui sont coupées pour s'adapter à l'ouverture du foyer, il devrait y avoir une quantité presque égale de brindilles, de broussailles et de petits morceaux, ou bien de petit bois fendu, pour servir de combustible de départ.

Pour allumer un feu sur le foyer, choisissez d'abord une bûche lourde qui doit être placée près du fond de la chambre de combustion sur le foyer et non sur les chenets. Il s'agit du « retard » traditionnel. Il résistera à plusieurs incendies et sert principalement à protéger la maçonnerie arrière. Placez les chenets avec leurs extrémités arrière rapprochées du bois en attente, et si celui-ci est de la meilleure taille, son sommet sera bien au-dessus des barres horizontales des chenets. Sélectionnez maintenant une bûche plus petite (de préférence pas un morceau fendu) et posez-la sur les chenets. Si vous souhaitez faire un grand feu, gardez cette bûche – la « bûche » – bien à l'avant, juste à l'arrière des poteaux verticaux du chenet, en laissant suffisamment d'espace entre la bûche et l'avant pour le corps principal du feu. La distance entre ces deux bûches déterminera la taille du feu. Dans cet espace, placez quelques feuilles de papier journal froissées, quelques brindilles et petites branches les plus légères, et une, deux ou trois bûches ou morceaux fendus, selon les besoins pour remplir l'espace. Les schémas rendront plus clair cette disposition pour un petit feu ou un grand feu.

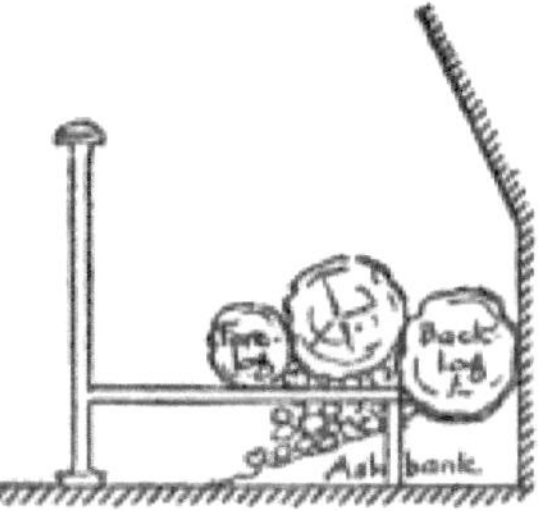

Coupe montrant la disposition des chenets et du bois pour un grand feu (à gauche) et un plus petit

Au fur et à mesure que la partie centrale du feu brûle, gardez la branche antérieure poussée contre elle, à moins que vous ne souhaitiez un feu moins actif. Il est bon de se rappeler que là où une bûche isolée ne brûle pas, deux bûches rapprochées le feront probablement, et une pyramide de trois fera encore mieux.

De nombreux foyers ont tendance à fumer seulement lorsqu'ils sont allumés pour la première fois ; ceci est probablement dû à une cheminée froide et peut généralement être évité ou rendu moins désagréable en brûlant un journal juste sous la gorge, déclenchant ainsi l'action appropriée des courants d'air ascendants et descendants.

S'il nous est possible de choisir entre différentes sortes de bois pour notre combustible à feu ouvert, s'ouvre alors l'une des phases les plus intéressantes de tout le sujet. Pour la plupart des gens, un feu de bois est probablement un feu de bois, que les bûches soient en bois de cerisier, de pin, de caryer ou autre. Pour l'amateur de feu de bois, si l'on peut l'appeler ainsi, il n'y a aucune difficulté à savoir d'un simple coup d'œil sur le feu quel bois est brûlé. La nature crépitante et explosive du caryer, le sifflement du pin, la flamme constante du cerisier, la désintégration chaude et rapide du sycomore et la combustion régulière et complète du bois de pommier tendre deviennent bientôt des caractéristiques familières à ceux qui ont l'occasion de poser le feu en variété. Ensuite, il y a bien sûr la fascination et la coloration étrange d'un feu de bois flotté – la plus spectaculaire de toutes mais malheureusement refusée à la plupart d'entre nous.

Enfin, le facteur le plus important dans la gestion d'un feu de bois est un lit de cendres suffisant pour sa fondation. Il est impossible à quiconque n'a pas réellement essayé les feux dans les deux sens d'apprécier l'immense avantage que procure un lit de cendre de bois. Il double incontestablement l'efficacité du feu à projeter de la chaleur dans la pièce, il réduit de moitié le soin et l'attention nécessaires pour entretenir le feu, et il augmente au-delà de toute mesure la beauté d'un feu de bois, lorsqu'il touche à sa fin, en se ravivant avec les braises et maintient longtemps vivante la lueur rouge, silencieuse et terne. Fermez vos oreilles aux importunités de la femme de ménage trop zélée et armez-vous contre les piqûres de la conscience de la propreté. S'il le faut, luttez pour conserver ce lit de cendres. Il est difficile de le rendre trop grand ou trop profond. L'accumulation de deux années est un trésor inestimable. L'un de mes propres foyers possède une réserve qui doit être épuisée environ deux fois par an pour faire de la place au feu. Un ou deux picots de la fine poudre blanche sont ensuite effectués pour apporter de la joie à la roseraie.

Pour celui qui aime le feu de bois et connaît ses possibilités, la mention d'une chose telle qu'une goutte de cendre est comme un signal d'alarme pour un taureau. Que la paix soit sur les cendres de l'homme qui a inventé cette méthode facile pour priver le foyer de la moitié de son charme. Qu'il lui soit pardonné.

LA
MAISON ET LE JARDIN *FAIRE* DES LIVRES

Les éditeurs ont l'intention de faire de cette série de petits volumes, dont *Making a Fireplace* fait partie, une bibliothèque complète de manuels faisant autorité et bien illustrés traitant des activités du ménagère et du jardinier amateur. Les textes, images et diagrammes viseront, dans chaque livre respectif, à rendre parfaitement clair la possibilité et les moyens d'avoir certaines des caractéristiques les plus importantes d'une maison de campagne ou de banlieue moderne. Parmi les titres déjà parus ou dont la publication est prévue prochainement figurent les suivants : *Making a Rose Garden ; Faire une pelouse ; Fabriquer un court de tennis ; Créer un jardin aquatique ; Créer des chemins et des allées ; Fabriquer un poulailler ; Faire un jardin avec foyer et Coldframe ; Fabriquer des meubles intégrés ; Faire un jardin de rocaille ; Faire un jardin fleuri cette année ; Faire un jardin de plantes vivaces ; Rendre le terrain attrayant avec des arbustes ; Réaliser un jardin de bulbes, réaliser un garage, réaliser et meubler des pièces extérieures et des porches ;* avec d'autres qui seront annoncés plus tard.